远古 陆地统治者

YUANGU LUDI TONGZHIZHE

崔钟雷 主编

北方联合出版传媒（集团）股份有限公司
万卷出版公司

前言 QIANYAN

一提起恐龙，你首先想到的是什么？是雄霸地球的传奇？还是天下无敌的力量？是那流传世间的神秘故事？还是博物馆里令人震惊的巨大骨架？有人对恐龙充满恐惧，也有人对恐龙极度着迷，更多的人对恐龙非常好奇。

准备好了吗？翻开这套《疯狂的恐龙时代》丛书，在严谨的科普知识、调侃的语言和逼真的图片中，了解这个曾经令人神往的远古时代，一起走进充满趣味和知识的恐龙王国。

编　者

CONTENTS 目录

6 板龙
12 北票龙
16 沉龙
18 二连巨盗龙
22 激龙
26 尖角龙

30 角鼻龙
34 雷利诺龙
38 尼日尔龙
42 拟鸟龙
46 葡萄园龙
52 窃蛋龙
56 禽龙
60 萨尔塔龙
64 扇冠大天鹅龙

68 食蜥王龙
72 似鸡龙
78 似鸟龙
82 似鸵龙
86 腕龙
92 尾羽龙
96 亚马逊龙
100 异齿龙
104 栉龙

最早出现的恐龙

体形特征

最原始的恐龙

始盗龙是世界上最早出现的恐龙，生存于三叠纪晚期。1993 年，始盗龙的化石发现于南美洲阿根廷西北部一处不毛之地——伊斯巨拉斯托盆地。始盗龙的身形较小，成年始盗龙的身长约一米，体重只有 10 千克左右。

善于捕食的前肢

始盗龙长有善于捕捉猎物的前肢，它们不仅能够捕捉小型爬行动物、早期的哺乳动物,还能够捕捉与自己身形差不多大的猎物。

小笨熊提问

作为最原始的恐龙,始盗龙有什么食性特点呢?

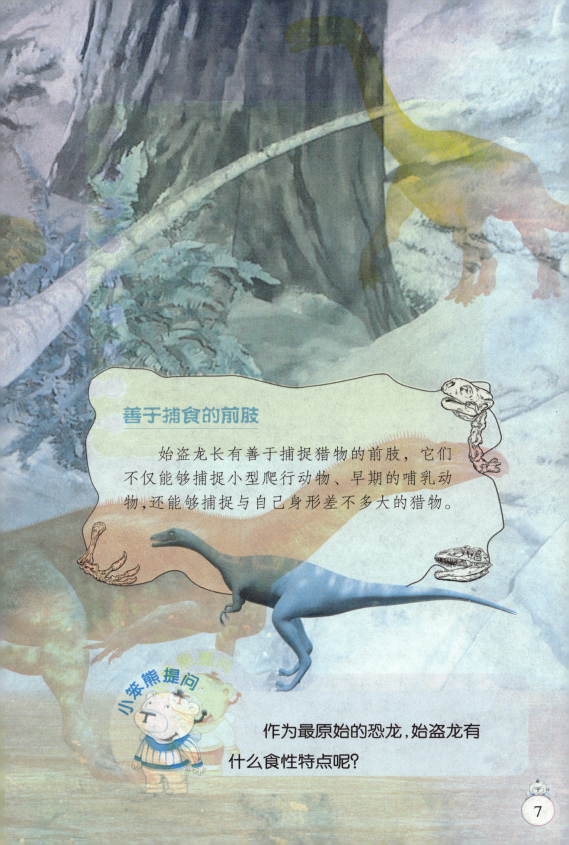

颊囊

为了维持正常的生命需要，板龙每天会食用大量的植物，而且进食速度也很快。板龙有一个狭窄的颊囊，在快速进食的时候，颊囊能够避免食物从嘴部溢出。

小笨熊解密

板龙的牙齿和上下颌结构都不适合咀嚼，因此，板龙会吞下一些石头储存在胃中，依靠石头的滚动研磨，将植物磨成糊状。

有利的捕食条件

板龙能够像袋鼠一样，用后肢站立，然后伸长脖子去采食高大树木的叶子。板龙的口鼻部很长，嘴巴坚硬，牙齿呈锯齿状和叶状，能够轻易地割断坚硬的植物。板龙锋利的前爪也能钩住树枝，从而帮助采食。

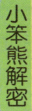

最早被正式命名的恐龙

生存年代

斑龙，又名巨龙、巨齿龙，是种大型肉食性恐龙，生存于侏罗纪时期的欧洲。斑龙的头非常大，颈部粗壮而灵活，这是斑龙最明显的身体特征。另外，斑龙的长尾巴平举在空中，可以平衡巨大头部和颈部的重量。

朝向两侧的眼睛

小笨熊提问

作为一种身形较大的肉食性恐龙，斑龙是如何维持身体能量需要的呢？

食物

斑龙用于捕食的时间很多，它们会在森林中展开“地毯式”搜索，不放过任何它们能捕捉的猎物，其中，剑龙类是它们的主要捕食对象，有时斑龙也会捕食身形巨大的蜥脚类恐龙。

北票龙

大型羽毛恐龙

北票龙身长约 2.2 米，体重约 85 千克。对于大多数恐龙来说，北票龙的身形较小，但对于长羽毛的恐龙来说，北票龙在很长一段时间内都是已知的身形最大的恐龙，直到 2012 年 4 月，北票龙的地位才被羽暴龙所取代。

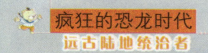

颠覆性形象

1999 年，古生物学家在北票龙的化石中发现了毛状的皮肤衍生物，而不是鳞片，这一巨大发现改变了人们心中传统恐龙的形象。

小笨熊提问

北票龙两种形态的羽毛各自有什么作用呢？

最 重的恐龙

世界上最重的恐龙

极龙，又名特级超龙，生存于侏罗纪晚期。极龙身形巨大，体长超过 30 米，体重达 130 吨，是世界上最重的恐龙。

小笨熊提问

极龙长长的脖子有什么作用吗?

成长过程

极龙是已知最重的恐龙，尽管它的个头很大，但它却是从长度仅为20厘米的蛋中孵化出来的。从小小的幼龙到成年的庞然大物，这真是一个令人难以置信的过程。

沉龙

小笨熊提问

面对肉食性恐龙的攻击，沉龙有什么样的防御方式呢？

沉龙的邻居们

沉龙的化石发现于尼日，与沉龙生活在同一时代和同一地区的恐龙有身形较大的肉食性恐龙似鳄龙，以及长有棘刺的植食性恐龙豪勇龙等。沉龙的这些邻居们有友好的，也有敌对的。有些可以成为它们一起觅食的好伙伴，而有些则是它们生存和繁衍过程中的敌人。

小笨熊解密

沉龙庞大的体形使其不具备快速奔跑的能力，但是沉龙的身体重心位置很低，在背对掠食者时，它们能够迅速转身面向掠食者，再利用锋利的指爪来攻击掠食者。

独特的体形

沉龙生存于白垩纪早期，是一种鸟脚类恐龙。沉龙的体形很大，但身体姿势较低，以低矮处的植物为食。沉龙的前肢短而粗壮，前肢内侧第一指上有锋利的指爪。鸟脚类恐龙的尾巴一般都比较长，但是沉龙的尾巴却很短。

最长的恐龙

地震龙是恐龙中超大恐龙的代表，1991 年，古生物学家发现了第一具地震龙化石。地震龙长着长脖子、小脑袋，以及一条细长的尾巴，身长超过 40 米，是目前公认的最长的恐龙。

行走特点

地震龙以四足着地的方式行走，因为身体长而重，所以它们的行动速度非常缓慢。

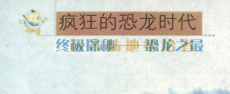

小笨熊提问

地震龙的命名依据是什么？

奔跑冠军

二连巨盗龙的脊椎内部有海绵状的结构，这能有效地减轻它们的体重。二连巨盗龙的小腿长于大腿，而且小腿十分纤细，因此二连巨盗龙可以快速奔跑，与体形较大的动物相比，它们可以称得上是奔跑冠军。

小笨熊解密

一般，身形巨大的动物有三种不同的生长方式：一是存活时间长；二是生长速度快；三是两者兼具。二连巨盗龙之所以能发展出庞大的身形是因为其生长速度较快。

恐龙之乡

二连巨盗龙的发现地二连浩特是世界闻名的恐龙之乡，这里曾经吸引了来自世界各地的古生物学家前来考察。在此，古生物学家不仅发掘出了二连巨盗龙的化石，还发掘出了苏尼特龙、古似鸟龙、阿莱龙等十余个属种的恐龙化石。

体形特征

类鸟恐龙的身形一般较小，但是二连巨盗龙却进化出了较大的身形。成年的二连巨盗龙身长约 8 米，身高约 5 米，体重达 1 400 千克。

发现意义

①2005 年 6 月，二连巨盗龙的化石在中国内蒙古的二连浩特被发掘出来。

②二连巨盗龙的化石是迄今为止世界上发现的最大的窃蛋龙类恐龙化石，其化石一经发现就创造了新的吉尼斯世界纪录。

③这一重大的科学发现在世界范围内引起了广泛的关注，有助于加深我们对鸟类特征演化的认识，以及了解鸟类的起源与进化过程。

最高的恐龙

恐龙中的高个子

命名原因

波塞东龙是公认的世界上最高的恐龙，它们生存于白垩纪早期，是种大型植食性恐龙。波塞东龙身长 30 多米，体重 50~60 吨，身高约 17 米，相当于现在的六层楼高，是恐龙中名副其实的高个子。

外部威胁

波塞东龙体形庞大，在当时很少有猎食动物敢于攻击它们。但是凶猛的高棘龙与群体猎食的恐爪龙可能以幼年波塞东龙个体为猎物。

小莱熊提问

波塞东龙身体很高大，它们的行走方式是怎样的呢？

体形特征

激龙头顶长有一个形状独特的头冠，但是其作用至今不明。激龙的口鼻部既扁又长，颚部和牙齿与现代的鳄鱼类似，鼻孔位于头骨的后方，有利于捕食鱼类。

化石的发现与复原

目前已被发掘的激龙化石很少，业余化石挖掘者在巴西发掘出了激龙的部分头颅骨。为了让头骨看上去更完整，业余化石挖掘者在激龙头骨化石的头顶涂上了石膏，再将其高价售出。古生物学家花费了大量的财力和时间才得以复原激龙的原貌。

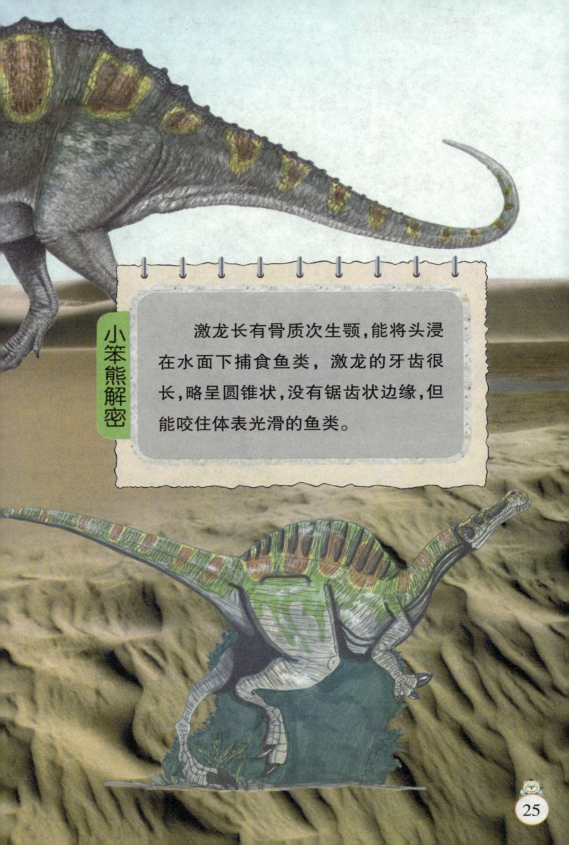

小笨熊解密

激龙长有骨质次生颚，能将头浸在水面下捕食鱼类，激龙的牙齿很长，略呈圆锥状，没有锯齿状边缘，但能咬住体表光滑的鱼类。

最小、最轻的恐龙

角龙类恐龙

近鸟龙是一种小型有羽毛的恐龙，是目前已知的身形最小、体重最轻的恐龙。近鸟龙生存于中国西北部，体长20厘米左右，体重约110克。

小笨熊提问

近鸟龙是一种长羽毛的恐龙，那么它们能够依靠羽毛飞行吗？

你知道吗

在近鸟龙的骨骼化石被发掘出来后，研究人员从化石中提取出了着色结构，在未来一段时间内，研究人员可以通过深入研究着色结构，结合近鸟龙的生活习性，还原出近鸟龙的真正颜色。

显著特征

尖角龙最显著的特征是鼻端有一个长长的尖角，不同种类的尖角龙鼻角弯曲的方向可能不同：可能向前弯曲，也可能向后弯曲。除了鼻子上的尖角外，尖角龙颈盾顶端有两个向前弯曲的小角，眼睛上还有一对小的额角。

小笨熊解密

目前，古生物学家认为尖角龙颈盾的作用有三种：一是抵抗掠食动物的武器；二是物种内打斗的工具；三是视觉上的辨识物。

强壮的脖子

尖角龙的头、颈盾同身子比较起来显得十分巨大，因此它们需要有很强壮的颈部和肩部。即使是晃动一下脑袋，也会使它们的骨骼承受不小的压力。所以，尖角龙的颈椎紧锁在一起，有极强的耐受力。

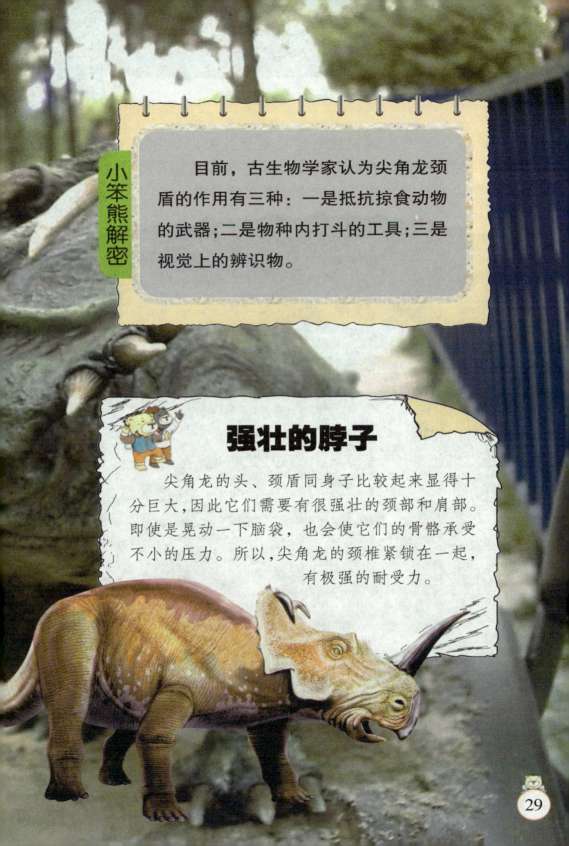

近鸟龙的前肢长度约是后肢长度的80%。其前肢和后肢的比例接近始祖鸟等早期鸟类，这种长前肢是飞行中的必要身体特征。

较长的前肢

在地面上活动的长有羽毛的恐龙，其后肢的羽毛都会逐渐退化或消失，否则长羽毛就会妨碍行走，但近鸟龙后肢的羽毛并未明显退化，这从侧面证明了近鸟龙是一种活跃在空中的恐龙，而且说明了覆羽恐龙在进化的过程中可能经过了一个四翼阶段。

赫氏近鸟龙

赫氏近鸟龙是侏罗纪晚期在中国境内生存的一种四翼恐龙。这种恐龙整体呈现灰色，具有红棕色羽冠，面部有小斑点，翅膀和腿上有白色羽毛。

科普课堂

虽然角鼻龙是凶猛的肉食性恐龙，但是它们的体形并没有异特龙、蛮龙大，而它们的捕食对象却相同，所以它们的生存状况实际上并没有那么乐观。它们必须做出更多的努力，才能保证不让自己的猎物被更大的异特龙、蛮龙抢走。

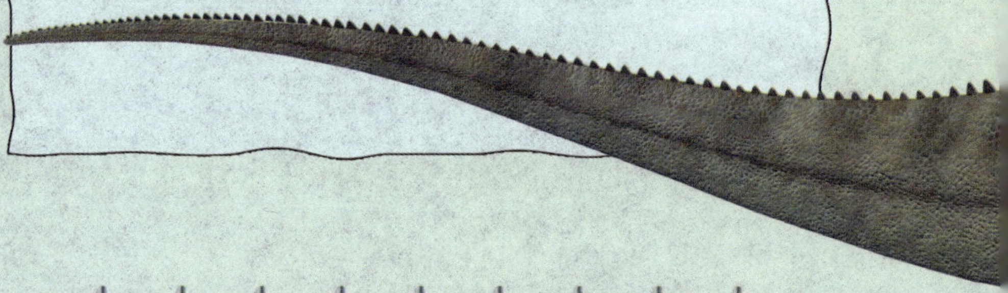

小笨熊解密

很多古生物学家认为角鼻龙的短角是进攻或防御用的，但是也有很多古生物学家认为角鼻龙的短角只是起到炫耀或威慑的作用。

强壮的身体

角鼻龙的身体结构比例匀称，强壮的后肢赋予了它们极强的奔跑能力，短而有力的前肢则是它们的捕食利器。与很多肉食性恐龙一样，角鼻龙的大嘴中长满了短刃一般的牙齿，并拥有十分强大的咬合力量。

独特的尾巴

角鼻龙的尾巴较长且左右扁平，与现今的鳄鱼尾巴很相似，这显示角鼻龙可能有很强的游泳本领。这也从侧面说明，角鼻龙除了捕食陆地动物，水中的鱼类也有可能是它们经常猎捕的食物。

巨型眼睛

我们已经知道了似鸡龙的眼睛很大，其实雷利诺龙的眼睛更大，因为它们居住在澳大利亚的极地森林中，而极地一年中有六个月的黑暗期，所以为了适应这种黑暗，雷利诺龙就有了巨型的眼睛。

雷利诺龙

生活在低温中的恐龙

雷利诺龙的化石首先是在澳大利亚的恐龙湾中被发现的，这个地方在雷利诺龙生活的白垩纪时期是很寒冷的，因此，许多科学家推测雷利诺龙是温血动物。

小笨熊提问

雷利诺龙是筑巢生蛋的，那么你知道它们是怎么抵御入侵它们巢的敌人的吗？

形体特征

雷利诺龙是恐龙中相对较小的，它们的身长只有 60~90 厘米，体重也很轻，只有 10 千克左右，体形小的雷利诺龙能够在恐龙时代存活这么久，是很不容易的。

群居

在动物自己的世界中，有社会结构的群体会聚集筑巢，很多恐龙都有集体筑巢的习性，群居最有名的就是雷利诺龙，这种群居的形式既可以保证这种小型恐龙的安全，也有利于它们觅食。

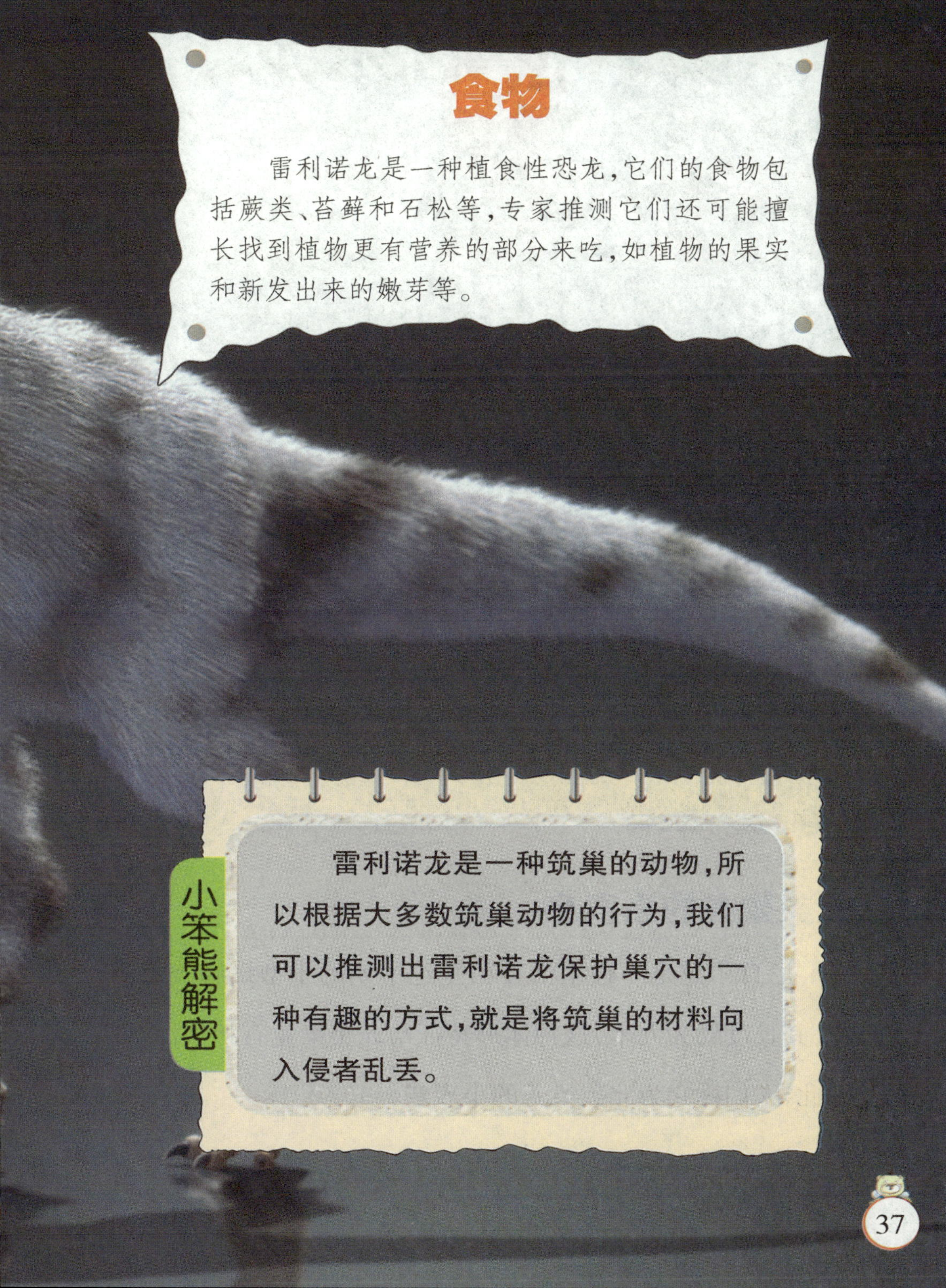

食物

雷利诺龙是一种植食性恐龙，它们的食物包括蕨类、苔藓和石松等，专家推测它们还可能擅长找到植物更有营养的部分来吃，如植物的果实和新发出来的嫩芽等。

小笨熊解密

雷利诺龙是一种筑巢的动物，所以根据大多数筑巢动物的行为，我们可以推测出雷利诺龙保护巢穴的一种有趣的方式，就是将筑巢的材料向入侵者乱丢。

尼日尔龙

北美梁龙的小表亲

尼日尔龙是一种生活在白垩纪中期的小型蜥脚类恐龙，其长度约为九米，这种体形特征与北美梁龙有相似性，因此，人们称它为北美梁龙的小表亲。

小笨熊提问

经研究尼日尔龙的每颗牙齿都曾断裂多次，这会影响到它进食吗？

你知道吗

尼日尔龙真是一种全身上下都充满趣味的恐龙，不仅它的嘴巴与众不同，它的脊椎骨也和其他恐龙是不一样的，它的脊椎中并没有固体填充物，而是充满了大量的气体。

形体特征

尼日尔龙也是一种小型恐龙，它只有一头大象那么大，它的头骨非常轻，但是头部却很难抬高超过脊背，所以它笨重的样子特别像是一头“母牛”。

奇怪的嘴巴

尼日尔龙最奇怪的特征就是它的嘴巴，它的嘴巴宽宽的，这样就使得它的嘴可以最大程度地接触地面觅食，它有超过50列牙齿，而且沿着其正方形的颌骨紧密排列，因此它的嘴巴看起来像是一个大剪刀。

小笨熊解密

当尼日尔龙的牙齿断裂后，原来的位置会长出新的牙齿。此外，尼日尔龙嘴巴的边缘处每月还会有新的牙齿长出，因此断裂的牙齿并不会影响到尼日尔龙的进食。

进食方式

尼日尔龙是一种植食性恐龙，它并不是像长颈鹿一样抬着头咀嚼食物，而是像一头母牛一样，低着头大口大口地咀嚼植物。

拟鸟龙

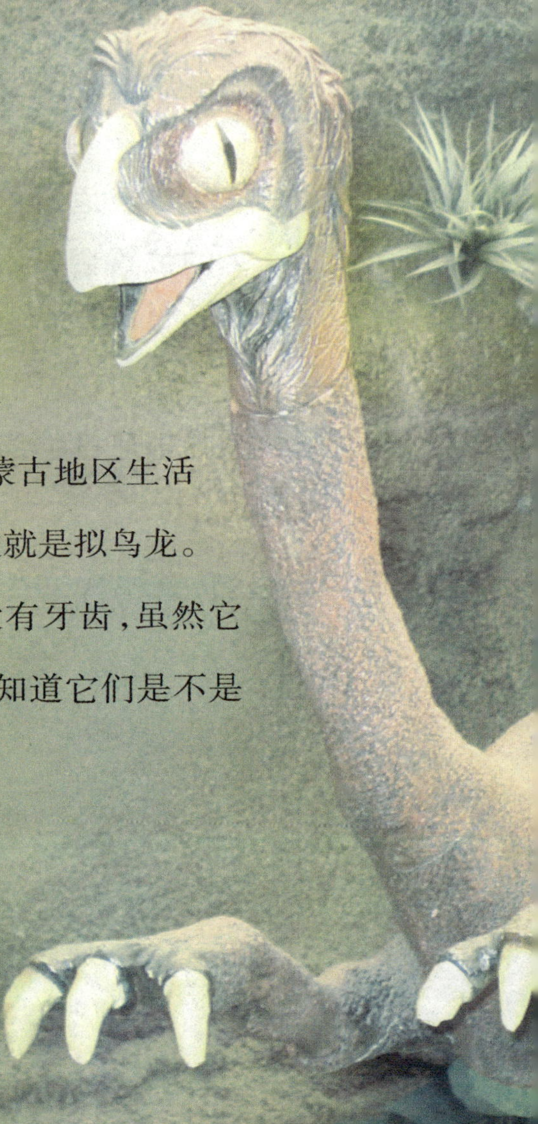

白垩纪蒙古的“大鸟”

在 7 000 万年前的白垩纪，蒙古地区生活着一种样子很像鸟类的恐龙，这就是拟鸟龙。它们是肉食性恐龙的后裔，却没有牙齿，虽然它们长得像鸟，但是我们还不知道它们是不是像鸟一样长有羽毛。

小笨熊提问

拟鸟龙是没有牙齿的，那么，它们是怎样进食的呢？

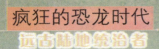

科普课堂

在蒙古西部戈壁上有一片著名的“恐龙墓地”，这是在0.9亿年前由一群年轻的拟鸟龙集体陷于泥潭死亡形成的。这片“墓地”的发现揭示了拟鸟龙的生活习性，即它们在很年轻的时候就形成了一个群体独立生活，年幼的拟鸟龙群体得不到成年拟鸟龙群体的照顾。

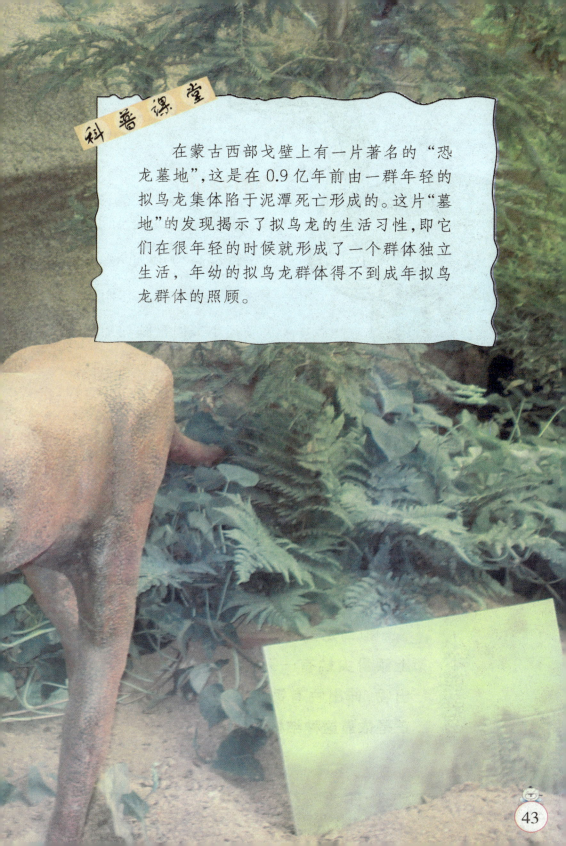

体形特征

成年拟鸟龙身长 1.5 米，臀部高约 45 厘米，属于一种小型恐龙，它们的头颅很小，但是脑部却很大，颈部细长，从臀部的特点推测出它们有很长的尾巴，脚部也是修长的。

小笨熊解密

拟鸟龙虽没有牙齿，但是在其前上颌骨尖端有一列像牙齿一样的伸出物，伸出物有锯齿状边缘，拟鸟龙正是依靠这种结构来进食的。

鸟类的近亲之争

与大多数恐龙不同，拟鸟龙的外形与鸟类极其相似，所以在它们被发现之后的很长一段时间里，拟鸟龙都被认为是鸟类的近亲，这样就与始祖鸟是鸟类祖先的近亲产生了争议。目前，大部分的理论还是侧重于将拟鸟龙归类于偷蛋龙的一种。

善于奔跑

拟鸟龙的后肢修长，每个脚上长有三个脚趾，脚趾尖端有狭窄的尖趾爪。拟鸟龙的胫骨比股骨长，这些特征显示出拟鸟龙是善于奔跑的恐龙，同时它们也是跑得最快的恐龙之一。

葡萄园龙

欧洲白垩纪的“高个子”

说起葡萄园龙的“高个子”，并不是说葡萄园龙的个头很高，而是它有着长长的脖子和长长的尾巴。葡萄园龙是泰坦巨龙类恐龙的一种，它由鼻端至尾巴有15米长，可谓是恐龙中的“高个子”。

恐龙时代的“长颈鹿”

葡萄园龙的这种长长的脖子使得它可以吃到植物高处的叶子，这种特点和今天的长颈鹿很相似，它的这种生理特点也为它成为植食性恐龙提供了条件。

小笨熊提问

葡萄园龙的名字没有霸王龙等恐龙应有的霸气，它的名字是怎么确定的呢？

头大无脑

长脖子、长尾巴的葡萄园龙是地球上曾经存在过的大型恐龙之一，但是经过研究，它的大脑只有网球那么大，而且它的大脑并没有随着进化而改变太多，我们很难理解它是怎么在恐龙时代生存下来的。

身体覆盖装甲

除了长颈及长尾巴的特点，它的背部有皮内成骨形成的鳞甲，这种由成骨形成的鳞甲在它的身体表面形成了一层装甲，有效地保护了它的皮肤，从而保证了这个庞然大物不至于轻易受伤。

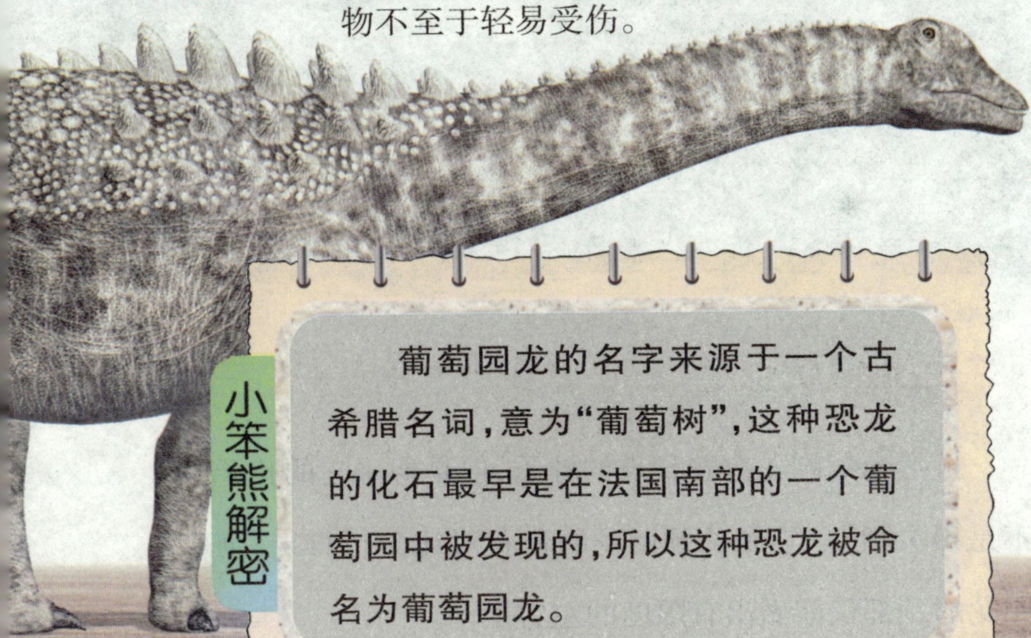

小笨熊解密

葡萄园龙的名字来源于一个古希腊名词，意为“葡萄树”，这种恐龙的化石最早是在法国南部的一个葡萄园中被发现的，所以这种恐龙被命名为葡萄园龙。

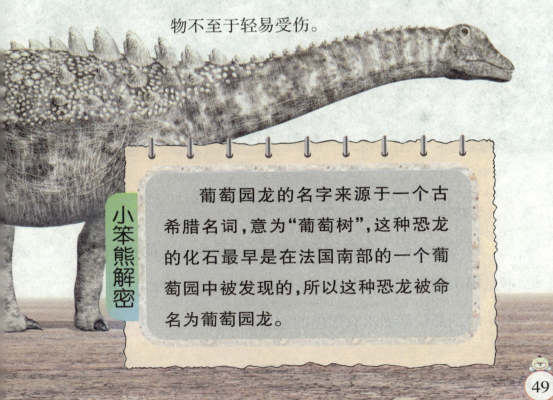

僵硬的脖子

虽然葡萄园龙有着长长的脖子，但是似乎它的脖子并不是很灵活，从它和长颈巨龙的化石对比分析得出，葡萄园龙的颈部仅能做出有限度的左右摆动。

葡萄园龙的化石首先发现是在1989年，当时只有肋骨、脊椎及四肢的骨头和四片不同大小的鳞甲，没有发现头颅骨，只发现一颗牙齿，而且它们来自不同的个体。后来，又发掘出更多的化石，包括一具较完整的骨骼、部份头颅骨及下颌。

窃蛋龙

最像鸟类

窃蛋龙是一种外形奇特的小型恐龙，大小与鸵鸟类似。窃蛋龙的头顶有一个脊冠，一般认为，这个脊冠是装饰用的。窃蛋龙是最像鸟类的一种恐龙，还有一条类似袋鼠的长尾巴。此外，一些科学家认为，窃蛋龙的身上可能长有羽毛。

小笨熊提问

人们一直认为窃蛋龙有偷蛋的行为，那么是什么让人们产生了这种想法呢？

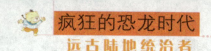

恐龙时代的“火鸡”

窃蛋龙体形较小，而且有着长长的尾巴，在外形上最明显的特征是头部短，而且头上还有一个高耸的骨质头冠，非常像现在的火鸡。

命名原因

古生物学家在发现窃蛋龙的骨骼化石时，发现骨架正好趴在一窝原角龙的蛋上，当时的古生物学家认为这种恐龙正在偷其他恐龙的蛋，于是古生物学家将这种恐龙命名为窃蛋龙。

小笨熊解密

因为窃蛋龙有着和鸟喙相似的嘴，而且在它的嘴里没有牙齿，人们想象它把蛋含在嘴里，再利用外力把蛋敲破。就这样，窃蛋龙一直被人们误会是“偷蛋的贼”。

并不偷蛋

古生物学家研究认为，窃蛋龙其实并不偷窃其他恐龙的蛋。窃蛋龙虽然是一种杂食性恐龙，但是它们以软体动物为食，它们那类似鸟喙的嘴可以轻易敲碎坚硬的软体动物的壳。

孵蛋的恐龙

窃蛋龙是最像鸟类的恐龙之一，在它们的身上可能长着羽毛，这种身体结构为窃蛋龙孵蛋提供了条件。因此，古生物学家认为，窃蛋龙不但不会偷窃其他恐龙的蛋，反而还可能有孵蛋的行为。

禽龙

四肢粗壮的恐龙

禽龙是继斑龙之后第二种被命名的恐龙。人们最初发现的禽龙化石只有牙齿，后来又陆续发现了其他部位的化石，人们才慢慢地了解这种恐龙的长相。禽龙的四肢都很粗壮，前肢上有尖爪，尾巴又粗又长。

进食方式

禽龙并不像任何现存的爬行动物，它们的下颚联合处缺乏牙齿，形状为勺状，禽龙的牙齿最类似二趾树懒与已灭绝的地懒磨齿兽。禽龙拥有可卷曲的舌头，可用来勾取食物，如同长颈鹿。

小笨熊提问

禽龙的后腿是很强壮的，那么它们是不是跑得很快呢？

分布范围

禽龙的分布十分广泛，化石多发现于欧洲的比利时、德国和英国。此外，禽龙的化石也出土于北美洲、亚洲以及北非地区。

小笨熊解密

禽龙的后腿虽然很强壮，但是禽龙并不善于奔跑。这可能是因为禽龙的后腿过于强壮，而使其过于沉重。

敢于反抗的植食性恐龙

禽龙是一种群体生活的恐龙，性情十分温和，但是在遇到肉食性恐龙的袭击时，它们却是敢于反抗的，禽龙的前肢上长有尖爪，这些尖爪是禽龙与肉食性恐龙搏斗中的“利器”。

萨尔塔龙

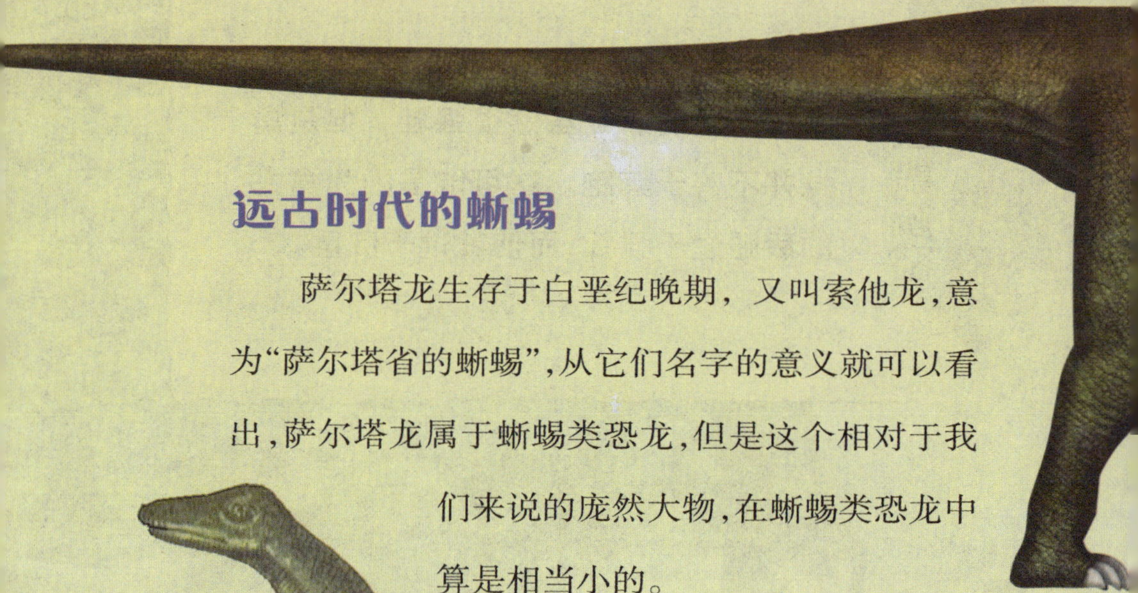

远古时代的蜥蜴

萨尔塔龙生存于白垩纪晚期，又叫索他龙，意为“萨尔塔省的蜥蜴”，从它们名字的意义就可以看出，萨尔塔龙属于蜥蜴类恐龙，但是这个相对于我们来说的庞然大物，在蜥蜴类恐龙中算是相当小的。

小笨熊提问

萨尔塔的头无法抬高过肩膀，那么它们是如何采食高处的植物呢?

全身覆盖着骨板

萨尔塔龙皮肤上嵌有骨板，这些骨板由皮内骨形成，大的骨板有人的手掌大小，小的骨板在皮肤上紧密排列，只有豌豆大小，这些骨板在发现时是独立于其他骨骼的，所以刚发现的时候萨尔塔龙被推测属于甲龙类恐龙。

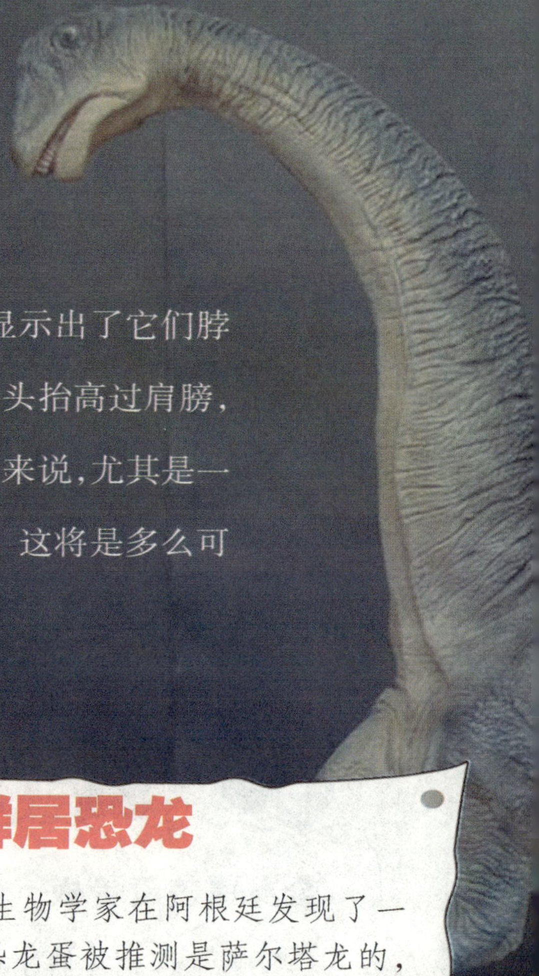

无法抬高的头

萨尔塔龙特殊的颈部结构显示出了它们脖子的特点，就是它们没有办法将头抬高过肩膀，想一下，这对于一种植食性恐龙来说，尤其是一种个子不高的植食性恐龙来说，这将是多么可怕的一件事。

群居恐龙

1997 年，古生物学家在阿根廷发现了一个龙蛋巢，这些恐龙蛋被推测是萨尔塔龙的，这么多的蛋聚集在一起，显示出萨尔塔龙是群居的，它们依靠群居以及身上的骨板来抵御大型掠食者的攻击。

钝的牙齿

萨尔塔龙是恐龙中看起来比较温顺的一种，因为恐龙给我们的凶恶感，往往是来自于它们锋利的牙齿，但是萨尔塔龙的牙齿仅长在嘴部的后方，而且是钝的，长有这样牙齿的萨尔塔龙似乎没有那么凶悍。

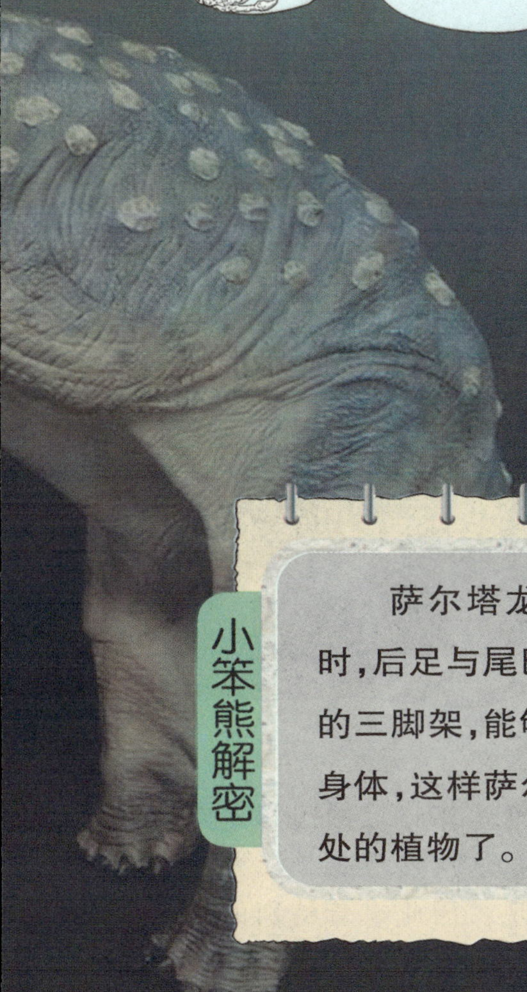

小笨熊解密

萨尔塔龙能以后足站立，站立时，后足与尾巴之间形成了一个稳定的三脚架，能够支撑萨尔塔龙沉重的身体，这样萨尔塔龙就可以采食到高处的植物了。

扇冠大天鹅龙

巨大的天鹅

扇冠大天鹅龙是鸭嘴龙中赖氏龙的一种，它生活在晚白垩纪的俄罗斯远东地区阿穆尔州，它的名字意为“巨大的天鹅”，扇冠大天鹅龙的发现为赖氏龙家族又增加了一个新的成员，这也体现了赖氏龙科的多样性。

发现地

扇冠大天鹅龙是在俄罗斯远东地区的阿穆尔河(黑龙江)流域首先被发现的，这次发现是赖氏龙亚科在北美洲外的第一次发现。因此有着特别的意义。

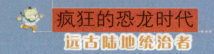

不断替换的牙齿

在扇冠大天鹅龙复杂的上下颌上长有数百颗牙齿，可以做出类似咀嚼的动作，因此扇冠大天鹅龙的进食速度可能很快，并且它的这些牙齿一直在生长和替换中。

小笨熊提问

扇冠大天鹅龙的特殊冠饰是否只具有装饰作用呢？

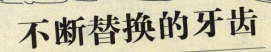

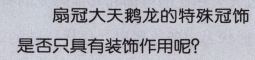

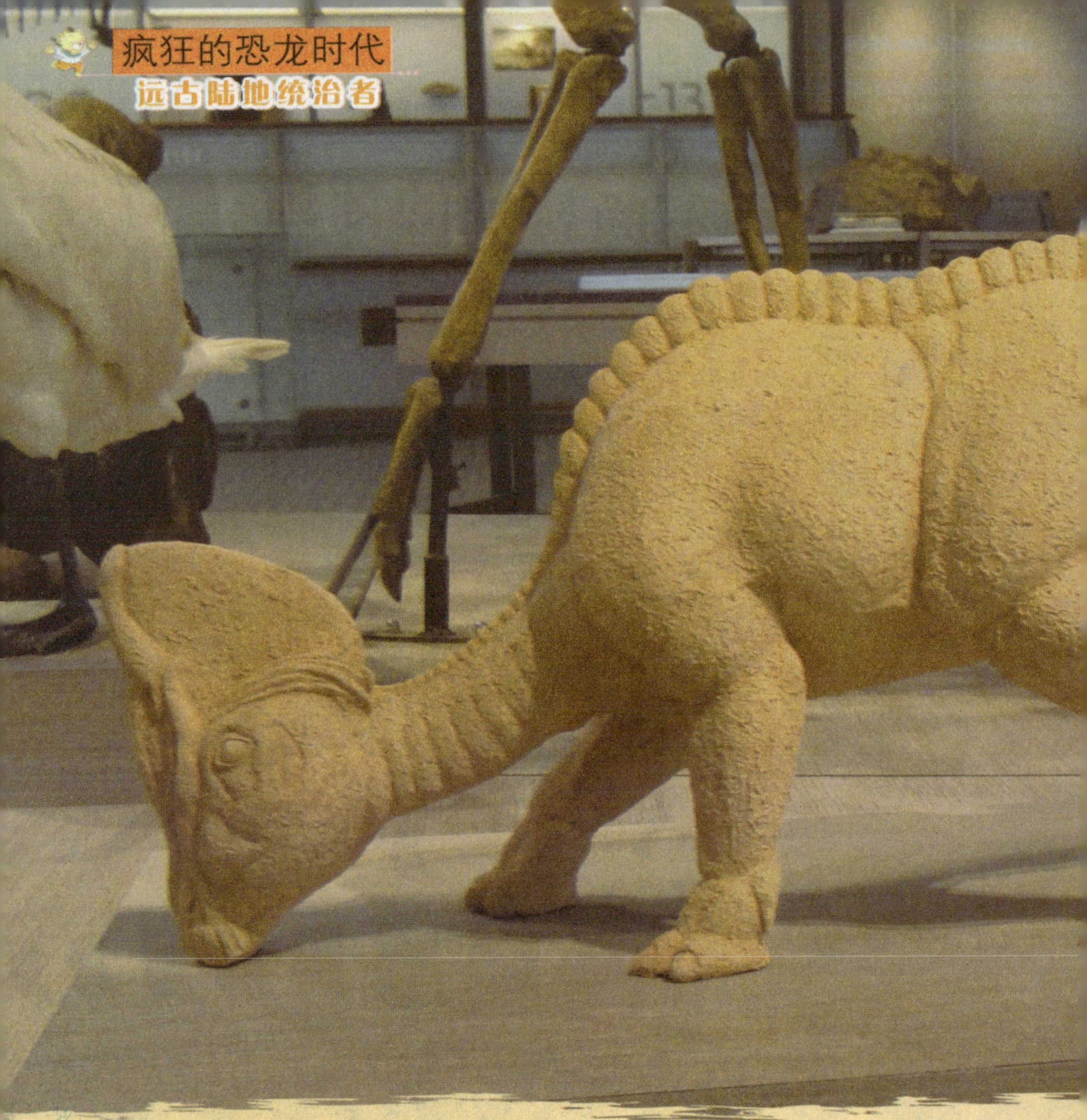

特殊的冠饰

许多鸭嘴龙类的恐龙头顶上都有造型独特的脊冠，但是扇冠大天鹅龙的冠饰和其他恐龙的有所不同，它的冠饰向后，形状为短斧或尾扇。这样特殊的冠饰成为了扇冠大天鹅龙与其他恐龙区别的重要标志。

小笨熊解密

扇冠大天鹅龙的冠饰不只是起到装饰作用，其高大、宽广、中空的冠饰里面包含着鼻管，可能是它们的视觉辨认物或发声器。

你知道吗

为了吃到地面上的低矮植物，扇冠大天鹅龙会以四足着地的方式觅食，而一旦遇到危险，扇冠大天鹅龙能够抬起前肢，以后肢着地快速奔跑。

食蜥王龙

外形特点

食蜥王龙生存于侏罗纪晚期，是一种体形较大的肉食性恐龙。食蜥王龙身长 10.5~15 米，体重约有 3 吨。食蜥王龙背部的神经棘上有垂直的椎板，还有类似绞肉机的人字形骨。食蜥王龙的头顶长有额角，但是其作用至今未明。

小莱熊提问

食蜥王龙的属名意为“以蜥蜴为食的专家”，那么食蜥王龙是不是只吃蜥蜴呢?

食蜥王龙与食蜥龙

食蜥王龙与食蜥龙的名字很像，古生物学家因此怀疑二者是否是同一种恐龙。经过鉴定，古生物学家发现，食蜥王龙与食蜥龙是两个不同的种类。

北美洲的大型掠食者

食蜥王龙的化石发现于美国新墨西哥州和奥克拉荷马州，其所处的地层偏上，这显示食蜥王龙很晚才到达这一地区。古生物学家发掘出的食蜥王龙化石数量十分有限，因此，食蜥王龙具体的习性和行为我们还不得而知。但能确定的是，食蜥王龙是北美洲最大型的肉食性恐龙之一。

小笨熊解密

食蜥王龙并不是只捕食蜥蜴，在食蜥王龙化石的发现地还发现了雷龙的化石，因此古生物学家推断，食蜥王龙会以雷龙为食。

与异特龙的关系

食蜥王龙与异特龙之间有着很密切的联系，尽管它们存在一些差异，但是这种差异是非常少的，食蜥王龙与异特龙的区别几乎很难发现，如果一定要说有的话，那就是颈椎与尾椎的一点点差异。

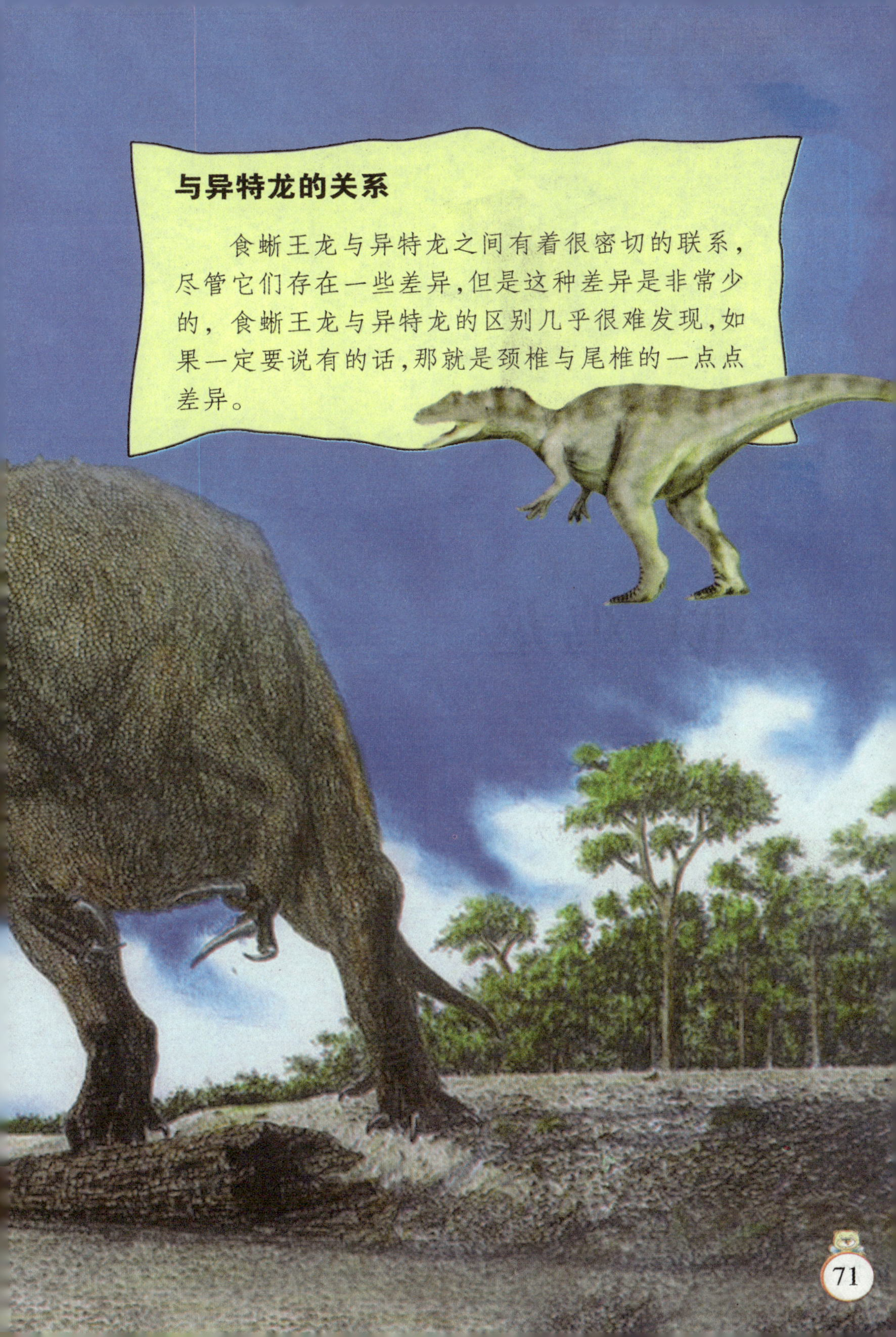

似鸡龙

模仿鸡的恐龙

似鸡龙的学名意为“善于模仿鸡的恐龙”，但其实它们从外表看上去更像是鸵鸟。似鸡龙的身高是人的3倍，体重有450千克，这远比任何一只鸡都重得多。似鸡龙的头很小，脖子很长，嘴部很像鸭嘴，嘴中没有牙齿。

大眼睛

似鸡龙的眼睛很大，长在头的两侧，大眼睛能够帮助似鸡龙环顾四周，快速发现身边的危险。

小笨熊提问

似鸡龙具体有哪些善于奔跑的特征？

短跑冠军

在恐龙家族中，似鸡龙有“短跑冠军”的称号，它们的速度能超过任何一匹赛马，这是因为似鸡龙的身体有很多适应快速奔跑的特征。

指爪

似鸡龙的前肢上有三个指爪，十分锋利，但是似鸡龙的指爪并不能很好地抓取东西，也撕不开肉。似鸡龙的指爪还是有很多用处的，它的指爪长而弯曲，能够钩住植物，也能够拨开泥土，挖出埋在泥土中的蛋作为食物。

你知道吗？

似鸡龙是一种杂食性恐龙，多数情况下，似鸡龙以植物为食，但是它们偶尔也食用小型昆虫和哺乳动物，有时似鸡龙也会捕食蜥蜴。似鸡龙在进食的时候主要依靠的是它们的喙状嘴。

化石的发现

20世纪70年代早期，古生物学家在蒙古戈壁沙漠发掘出了似鸡龙的化石。似鸡龙的头骨与鸟类的头骨很像，它们的脑容量很小，只有高尔夫球那么大。

小笨熊解密

似鸡龙的骨骼是中空的，体态轻盈，长长的后肢使其在奔跑时的跨步很大，僵直的尾巴则能够在其奔跑时保持身体平衡。

小笨熊提问

似鸟龙和其他恐龙相比似乎不那么强壮，那么它们是如何防御大型肉食性恐龙的攻击的呢？

美丽的眼睛

似鸟龙有一双大大的眼睛，看上去十分美丽，如此美丽的眼睛一定会让一些女孩子嫉妒。似鸟龙的眼睛不光很大，而且还很有用。它们的眼睛十分明亮，即使在漆黑的夜晚，也能轻易捕捉到猎物。

似鸟龙

类鸟恐龙

似鸟龙，顾名思义，是一种外形类似鸟类的恐龙。似鸟龙的头部很小，脖子很长，身形苗条轻巧，能够快速奔跑。在奔跑时，似鸟龙的尾巴会左右摆动，这不仅使其在短距离奔跑时有冲刺的能力，也能够帮助它们在奔跑时急转弯。

捕捉猎物

似鸟龙生活在沼泽和森林地区，是一种杂食性恐龙，主要以植物为食，但是偶尔也会捕食小型昆虫和哺乳动物等。似鸟龙会用后肢上的利爪攻击猎物，再用前肢的指爪抓捕猎物。

身披绒毛

在许多作品中，似鸟龙的皮肤都被刻画成类似鳞状。但是很多科学家认为，似鸟龙与鸟类一样，它们的身上可能长了一层原始的绒毛。

小笨熊解密

对于弱小的似鸟龙来说，遇到大型肉食性恐龙攻击的时候，最好的防御策略就是迅速逃跑，它们的体态轻盈，逃跑时很灵活。

似鸵龙

类似鸵鸟

似鸵龙生存于白垩纪晚期的加拿大亚伯达省，属于兽脚类恐龙，似鸵龙的样子和鸵鸟特别像，是一种类似鸵鸟的长腿恐龙。

小笨熊提问

你知道似鸟龙与似鸵龙之间有什么区别吗？

科普课堂

似鸵龙是一种杂食性恐龙，它们的食谱十分丰富。似鸵龙不仅吃植物的新芽，还捕食小型动物和昆虫。似鸵龙前肢上的爪子并不能帮助它们捉捕猎物，主要是用来抓扯树枝，并将树枝送到嘴里的。

短跑冠军

似鸵龙的后肢不仅长，而且十分有力，很适合奔跑，尤其适合短距离奔跑，而且速度飞快。似鸵龙因此被称为恐龙世界中的短跑冠军。

自身特点

似鸵龙不同于鸵鸟，它们长着长长的尾巴，其长度达到3.5米，占了整个身长的一半还多。长尾巴不像它们可自由弯曲的脖子那样灵活，当似鸵龙飞跑的时候，它们就把尾巴僵直地伸在后面。

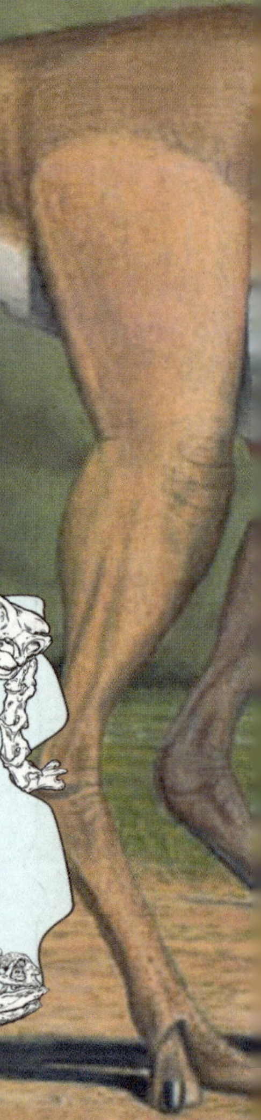

助跑优势

似鸵龙在飞快地越过一段崎岖不平的坡地时，它们的尾巴会起到保持平衡的作用。似鸵龙脚上长着平直的、狭窄的爪子，这些爪子抓在地上就好像跑鞋上的钉子，可防止这类恐龙全速追赶它们的猎物时脚下打滑。

小笨熊解密

似鸟龙与似鸵龙都是外形与鸟类相似的恐龙，但二者有明显区别：似鸵龙的前肢更长，指爪更有力；并且似鸵龙脖子十分灵活，可以弯曲活动。

腕 龙

庞然大物

腕龙曾经是地球上最大的陆生动物之一，也是最著名的恐龙之一。腕龙是一种体形庞大的植食性恐龙，它们身长约 23 米，能吃到 15 米高处的叶子，这是长颈鹿取食高度的两倍。腕龙的体重能达到 30~50 吨，是非洲象的12倍。

恐龙中的潜水者

腕龙的鼻孔长在头顶上，很多古生物学家认为这就是为了方便在水里泡着的时候换气。腕龙潜水的本领可不小，它们可以长时间潜在水里不用换气，有些专家认为它们可以在水中潜 20 分钟以上。至于真假，还需要进一步的考证。

小笨熊提问

腕龙长得如此巨大，每天需要吃多少食物呢？

外形特点

从外形上看，腕龙最主要的特征就是小脑袋，长脖子，粗短的尾巴。腕龙的头部很小，这显示它们并不是一种聪明的恐龙。腕龙的头顶有突起的鼻突，因此它们的嗅觉十分灵敏。腕龙以四足着地的方式行走，这样四肢能够平均分担身体的重量，不会给某一部分身体造成太大的

负担。腕龙的脚掌十分厚实，在行走的时候能够起到减震的作用。

不负责的“妈妈”

雌性腕龙在产蛋的时候并不做窝，而是边走边产蛋，这样腕龙蛋就排成了一条直线。小恐龙在孵化出来后，雌性腕龙可能已经迁徙到了很远的地方，所以它们根本不会照顾自己的孩子。

小笨熊解密

为了满足庞大身躯的能量需要，腕龙每天要吃 1 500 千克的食物，它们每天都要不停地进食，堪称体形巨大的“贪吃鬼”。腕龙在进食的时候不会咀嚼，而是将食物整块吞下。

独特之处

与大多数恐龙不同的是，腕龙的前肢要比后肢长，这种独特的身体结构可以支撑住长脖子的重量，保持身体平衡。

容易辨认

腕龙身躯庞大，前肢长于后肢，且尾巴短粗。超长的脖子使头部能抬得很高，这些都成为辨认腕龙的重要标志。

尾羽龙

羽毛覆盖

尾羽龙的体形如火鸡，身披羽毛。短小的前肢呈翼状，上面长满了大片的羽毛，尾巴上还有羽扇。尾羽龙的羽毛并不像鸟类的羽毛是帮助飞行的，而是用来保持体温和吸引异性的，因此尾羽龙的羽毛很可能颜色鲜艳。

羽毛的特点

尾羽龙的羽毛有明显的羽轴，也有羽片，总体上看与现代鸟类的羽毛十分相似。但是，尾羽龙的羽片是对称分布的，而鸟类的羽片则是非对称分布的。

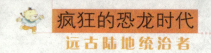

尾羽龙长了很多羽毛，为什么不能飞行呢？

科普课堂

并非所有科学家都认为尾羽龙是恐龙，有些科学家持续地提出反对意见，反对鸟类与兽脚类恐龙之间有演化关系，认为尾羽龙只是一种无法飞行的鸟类，而且跟恐龙没有亲缘关系。

杂食性恐龙

尾羽龙生活在海滨和河岸附近，可能是一种杂食性恐龙。它们的喙嘴很尖，能够咬断植物，除此之外，它们可能还食用肉类。

尾羽龙化石

尾羽龙的化石都发现于中国辽宁省的尖山沟，属于义县组。过去，尾羽龙似乎是该地区的常见动物。当地还生存着其他有羽毛的恐龙，例如帝龙、中国鸟龙等。

小笨熊解密

尾羽龙的尾巴很短，并不能用来保持身体平衡。短小的羽毛以及短手臂，都不利于尾羽龙的飞行，因此尾羽龙只能行走。

亚马逊龙化石

亚马逊龙的化石，包括一些背椎及尾椎、肋骨及骨盆的碎片,是马腊尼昂州的伊塔佩库鲁组所发现的唯一的恐龙化石。

小笨熊提问

亚马逊龙有一条鞭子一样的尾巴,它的作用是什么呢?

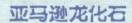

亚马逊龙

大型植食性恐龙

亚马逊龙，是蜥脚类恐龙的一种，生活于白垩纪早期的南美洲。它是一种大型四足植食性恐龙，有着长颈及鞭子般的尾巴，身长约 12 米，其外形特征与梁龙相似。

命名原因

亚马逊龙是在三角洲的泛滥平原沉积层中被发现的，尽管巴西已经发现了许多恐龙化石，但是亚马逊龙却是第一种在亚马逊盆地附近发现的恐龙，因此被命名为亚马逊龙。

生存优势

从化石分布看，白垩纪时期的亚马逊盆地恐龙的种类并不多，而身形巨大的亚马逊龙很有可能是当时亚马逊盆地的霸主，即便是有肉食性恐龙也生存在这一地区，它们对亚马逊龙的生存威胁也并不大。

小笨熊解密

亚马逊龙细长的尾巴可以起到防御肉食性恐龙的作用，当肉食性恐龙袭击它们的时候，它们就用尾巴抽打袭击者。同时，亚马逊龙也经常挥动自己的尾巴来震慑其他恐龙。

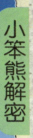

异齿龙

畸形牙齿

异齿龙又称畸齿龙，意为“长有不同类型牙齿的蜥蜴”，它们生活在早侏罗纪的南非，是原始的鸟脚类恐龙，同时也是鸟脚类中体形最小的恐龙之一。

小笨熊提问

异齿龙的牙齿长得很特别，它们有什么特点呢？

你知道吗

异齿龙的前肢长有5个指，第一指很锐利，相比其他指是最大最长的，而且可以自由弯曲。第二指长于第三指，而且同样可以弯曲。第四和第五指很小，相比前三指结构简单。

休眠时期

古生物学家推测，异齿龙会通过迁徙的方式选择最适宜的生存环境，但是，当一年中最干旱的季节

娇小恐龙

异齿龙和它的徒子徒孙们（生存于白垩纪的大型禽龙类和鸭嘴龙类）相比，像一个刚出生的小宝宝，体长只有 0.9~1 米，还没有山东龙的前肢长。

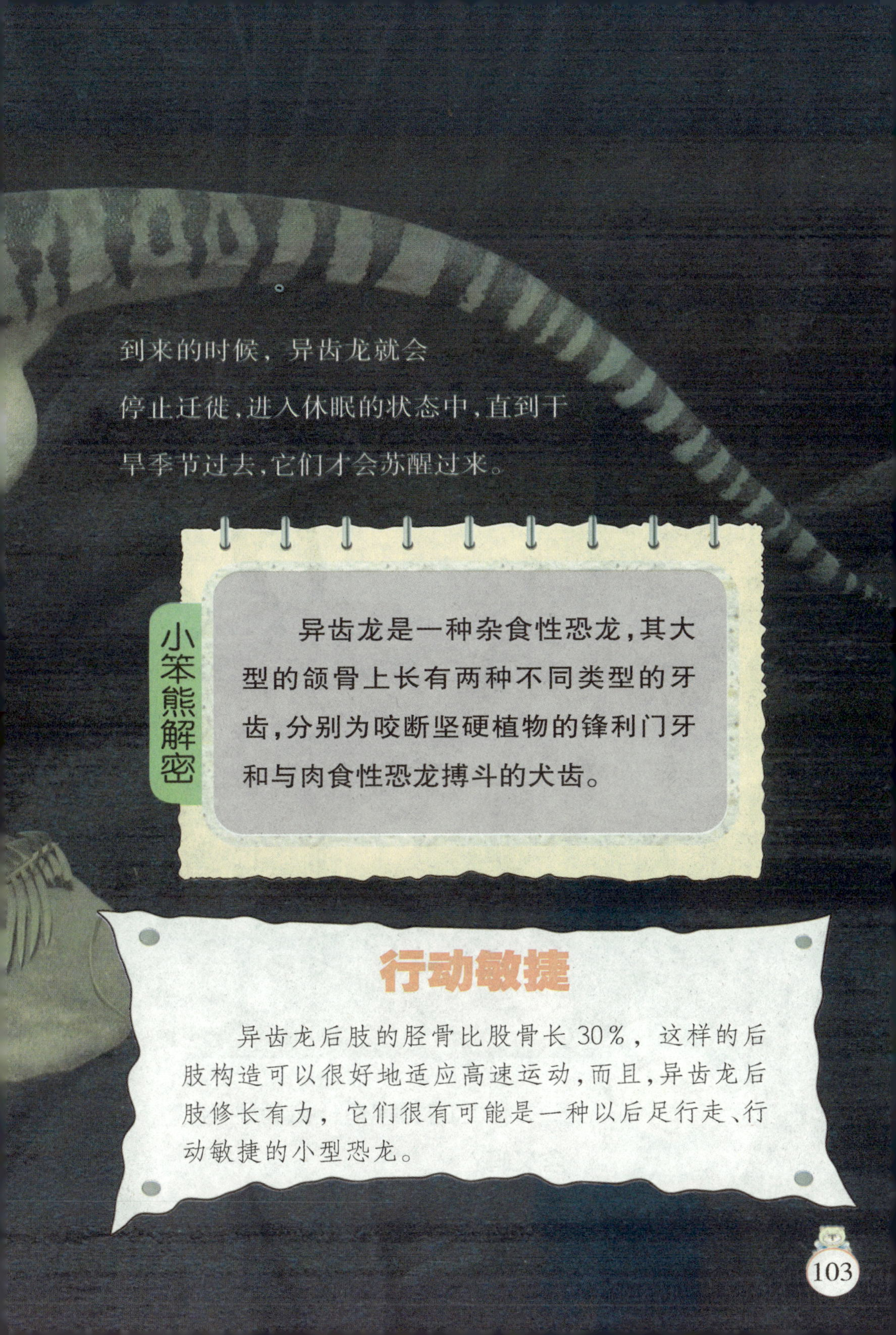

到来的时候，异齿龙就会停止迁徙，进入休眠的状态中，直到干旱季节过去，它们才会苏醒过来。

小笨熊解密

异齿龙是一种杂食性恐龙，其大型的颌骨上长有两种不同类型的牙齿，分别为咬断坚硬植物的锋利门牙和与肉食性恐龙搏斗的犬齿。

行动敏捷

异齿龙后肢的胫骨比股骨长30%，这样的后肢构造可以很好地适应高速运动，而且，异齿龙后肢修长有力，它们很有可能是一种以后足行走、行动敏捷的小型恐龙。

群居生活

密集分布的栉龙化石显示，栉龙是一种群居生活的恐龙，成群的栉龙在一起，一同抵御掠食者的袭击。

小笨熊提问

栉龙的名字有什么特别的含义吗？

栉龙

戴冠恐龙

栉龙的头顶有一个坚硬的头冠，十分引人注目。栉龙的头冠向后方延伸，能够支撑鼻子上方的皮囊，皮囊里有细细的通道，可以像气球一样充气。

充气后的皮囊能发出一种独特的声音，低沉而响亮。

外形特点

栉龙的头部很小，头颅骨结构复杂，上下颌能够做出类似咀嚼的动作。栉龙有一个鸭喙般的嘴，能够切断植物。栉龙的头部后方一直到尾部末端密集排列着棘刺，尾巴又细又长，能够保持身体平衡。

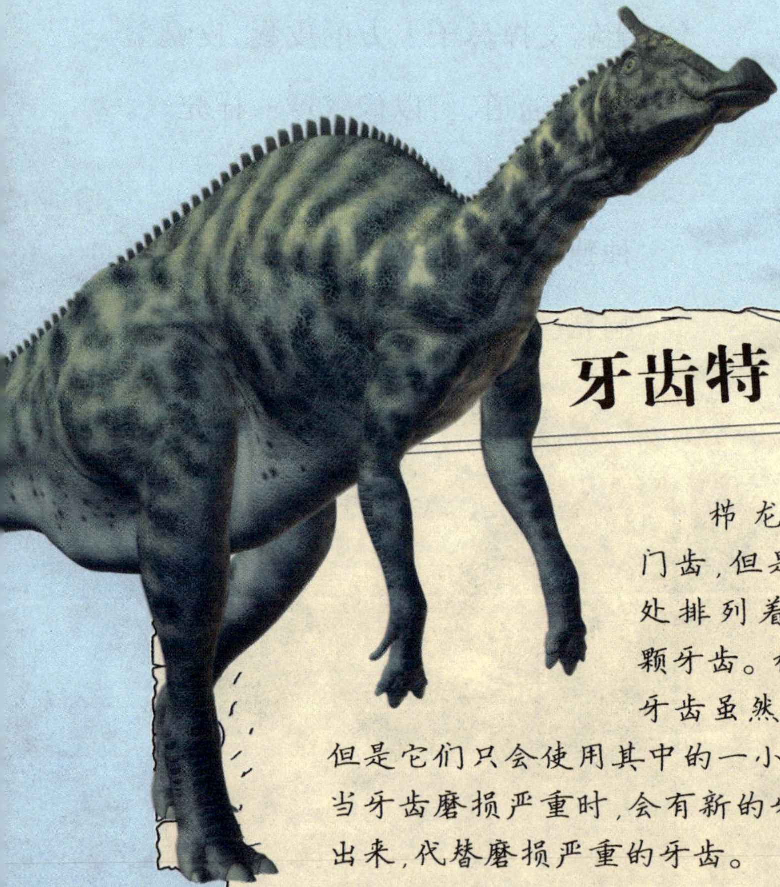

牙齿特点

栉龙缺乏门齿，但是两颊处排列着数百颗牙齿。栉龙的牙齿虽然很多，但是它们只会使用其中的一小部分。当牙齿磨损严重时，会有新的牙齿长出来，代替磨损严重的牙齿。

性情温和

栉龙生活在北美洲和亚洲地区，是一种大型植食性恐龙，性情十分温和，与同类相处相对融洽。

小笨熊解密

栉龙，又名蜥嵴龙，指有顶饰、有纹章、有冠、有背脊的恐龙。栉比喻像梳齿那样密集排列，栉龙的名字形象生动地描述了它的纹饰密集有序的特点。

声音信号

栉龙鼻部皮囊发出的声音是栉龙与同伴之间的联络信号，也可以用来吓跑敌人。古生物学家根据栉龙皮囊的形状推测皮囊还有另外一个作用，那就是帮助栉龙在水下呼吸。

你知道吗

通过对已发掘出的栉龙化石的研究，古生物学家发现栉龙的后肢十分强壮，这种恐龙能够用后肢支撑身体站立起来，而且，栉龙的前肢也十分发达，它们能够用四足着地的方式行走。

称霸白垩纪

一天，霸王龙无意闯入了阿利奥拉龙的领地。
阿利奥拉龙突然发动攻击，想教训霸王龙。
霸王龙非常灵敏，咬住了阿利奥拉龙的脖子。

阿利奥拉拢只好认输逃走。
霸王龙饿了，正想捕食一只戟龙。
达氏吐龙突然出现，抢了他的猎物。
霸王龙非常生气，与达氏吐龙展开决斗。
达氏吐龙失败了，霸王龙成了无敌的王者。

图书在版编目(CIP)数据

远古陆地统治者 / 崔钟雷主编. 一沈阳：万卷出版公司，2013.10（2019.6 重印）
（疯狂的恐龙时代）
ISBN 978-7-5470-2590-1

Ⅰ.①远… Ⅱ.①崔… Ⅲ.①恐龙 - 儿童读物 Ⅳ.①Q915.864-49

中国版本图书馆 CIP 数据核字（2013）第 150771 号

出版发行：北方联合出版传媒（集团）股份有限公司
万卷出版公司
（地址：沈阳市和平区十一纬路 29 号 邮编：110003）
印 刷 者：北京一鑫印务有限责任公司
经 销 者：全国新华书店
开 本：690mm × 960mm 1/16
字 数：100 千字
印 张：7
出版时间：2013 年 10 月第 1 版
印刷时间：2019 年 6 月第 4 次印刷
责任编辑：张 黎
策 划：钟 雷
装帧设计：稻草人工作室
主 编：崔钟雷
副 主 编：王丽萍 张文光 翟羽朦
ISBN 978-7-5470-2590-1
定 价：29.80 元

联系电话：024-23284090
邮购热线：024-23284050/23284627
传 真：024-23284521
E - mail：vpc_tougao@163.com
网 址：http://www.chinavpc.com

常年法律顾问：李福

举报电话：024-23284090
如有质量问题，请与印务部联系。
联系电话：024-23284452